いちばんわかりやすい

運転免許認知機能検査ブック

75歳以上のシニアドライバー必読!

改正法
新テスト
対応版

医学博士
〈監修〉米山公啓

元・調布自動車学校教官
吉本衞司

永岡書店

新しい認知機能検査の変更ポイント

道路交通法改正に伴い、75歳以上の免許更新時に義務付けられている認知機能検査のテスト内容や判定区分等が変わることになりました。
ここでは主な変更点を紹介します。

1 検査項目が簡素化されました

　これまでの認知機能検査では、「時間の見当識」「手がかり再生」「時計描画」の3つのテストが出題されていましたが、新検査では「時間の見当識」「手がかり再生」の2つのテストに減り、テスト順も「手がかり再生」→「時間の見当識」に変更となりました。それに伴い、実施時間も30分から20分程度へと大幅に短縮されました。

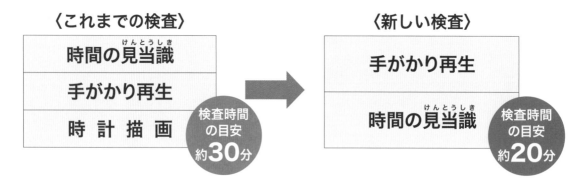

〈これまでの検査〉

| 時間の見当識（けんとうしき） |
| 手がかり再生 |
| 時計描画 |

検査時間の目安 約30分

〈新しい検査〉

| 手がかり再生 |
| 時間の見当識（けんとうしき） |

検査時間の目安 約20分

2 検査結果の判定区分が2つになりました

　これまでの認知機能検査では、検査結果で「第1分類：認知症のおそれあり」「第2分類：認知機能低下のおそれあり」「第3分類：認知機能低下のおそれなし」の3区分に分類されていました。新しい認知機能検査では、「認知症のおそれがある」「認知症のおそれなし」の2区分に分類されることになりました。

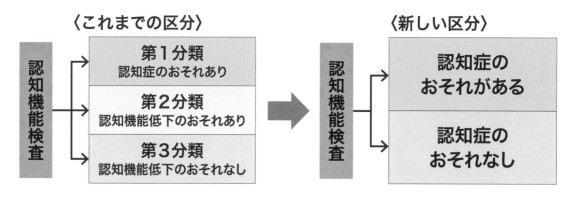

〈これまでの区分〉

認知機能検査
→ 第1分類 認知症のおそれあり
→ 第2分類 認知機能低下のおそれあり
→ 第3分類 認知機能低下のおそれなし

〈新しい区分〉

認知機能検査
→ 認知症のおそれがある
→ 認知症のおそれなし

3 タブレット受検が導入されました

　受検会場によっては、筆記受検の他に、タブレット受検が可能になりました。筆記受検の場合は、これまで通り最後まで試験を受けてから採点が行われますが、タブレット受検を希望した場合は合格点に達した時点で自動的に検査終了となります。

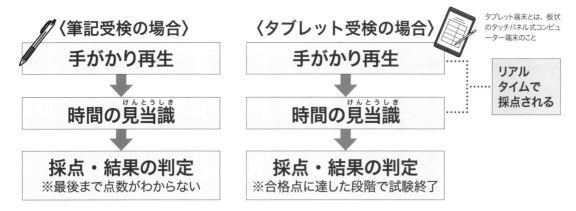

〈筆記受検の場合〉

| 手がかり再生 |
| 時間の見当識（けんとうしき） |
| 採点・結果の判定
※最後まで点数がわからない |

〈タブレット受検の場合〉

タブレット端末とは、板状のタッチパネル式コンピューター端末のこと

| 手がかり再生 |
| 時間の見当識（けんとうしき） |
| 採点・結果の判定
※合格点に達した段階で試験終了 |

リアルタイムで採点される

その他に知っておきたい変更点 （2022年5月13日より施行）

▶ 違反行為がある場合は、運転技能検査が導入されました

　これまでは、免許更新に必要な検査は筆記受検のみでしたが、道路交通法の改正に伴い、実際に車を運転する運転技能検査が導入されました。ただし、運転技能検査の受検が必要になるのは、過去3年間に一定の違反行為（P.16参照）を行った場合です。この運転技能検査は、更新期間内であれば何度でも受検可能です。

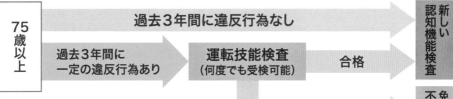

75歳以上 → 過去3年間に違反行為なし → 新しい認知機能検査

75歳以上 → 過去3年間に一定の違反行為あり → 運転技能検査（何度でも受検可能） → 合格 → 新しい認知機能検査

運転技能検査 → 更新期間中に合格できない → 不可 免許更新

▶ 安全運転サポート車限定免許が創設されました

　交通事故の防止のため、運転できる車を安全運転サポート車（サポカー）に限定した免許が2022年5月13日に創設されました。これまでは認知機能検査に合格するか、免許を返納するかの2択だけでしたが、生活に車が必要な人にとって新しい選択肢が増えたといえます。ただし、サポカー限定免許の場合も講習の軽減措置はありません。サポカー限定免許については、78ページでくわしく紹介しています。

認知機能検査のオンライン予約が可能になりました

　これまでは認知機能検査の予約は電話受付のみとされていましたが、パソコンやスマートフォンからのオンライン予約も可能な会場が増えています。電話予約のみの会場もあるため、受検会場にお問い合わせいただき、指示に従ってください。

はじめに

監修
医学博士・米山医院院長
米山公啓（よねやま・きみひろ）

安全に運転を楽しむために早めの認知症対策を

　道路交通法改正により2017年から、75歳以上の高齢者が運転免許を更新する際に受ける「認知機能検査」に関する規制が強化されました。この検査は、実際の医療現場で使われている認知症診断テストをもとに作られた簡易的な検査であり、運転に必要な認知機能（判断力や記憶力など）を測ることができます。

　本書では免許更新時に実施される「認知機能検査」を、できるだけ本番に近い形で紹介・解説しています。事前に練習し、どのような検査が行われるのかを知っておくだけで、焦らず落ち着いて本番の検査を受けることができるでしょう。

　老化による認知機能や運転能力の低下は誰にでも起こることであり、自分ではなかなか気づけないものです。今の自分の現状を知るためにも、本書の認知機能検査に取りくんでいただければと思います。

　認知症は早期発見が大切です。高齢の親御さんの運転が不安な方は、本書の模擬検査を受けてみてもらうとよいでしょう。本書が認知機能低下の早期発見に必ず役立つはずです。

　人生100年時代と呼ばれる昨今、いつまでも安全に運転を楽しめるよう本書をご活用いただけますと幸いです。

もくじ

プロローグ 　シニアドライバーと家族が知っておきたい！

認知機能検査のきほんの「き」

第1章 　しっかり対策！

「認知機能検査」のテスト内容

第2章 　本番そっくり！

「認知機能検査」の模擬検査

シニアドライバーと家族が 認知機能検査

知っておきたい！
のきほんの き

認知症だと気づかずに
運転をしていることも多いのです

検査してみないと
わからないもの
なのね……

う〜む

高齢者による運転事故が
増えたことも認知機能検査が
導入されたきっかけの1つ
なのです

それではこれから
認知機能検査の内容と
対策法について
詳しく紹介していきます

いくつになっても運転を
楽しむために、
この本を活用してください！

ハイ！

認知機能検査の内容

認知機能検査には手数料などが必要となります。ここでは検査のより詳しい内容や当日注意したいことを紹介します。

■検査を行う理由 ·····························

　近年、自動車交通事故件数に占めるシニアドライバーによる交通事故の割合が増加しています。この背景には、認知機能の低下による操作ミスなどがあり、この状況を受け、2017年に「認知機能検査」に関する規制が強化されました。75歳以上の運転者は、①3年に1度の免許更新時、②一定の違反行為を行った場合に認知機能検査（臨時認知機能検査）を受ける必要があります。

※一定の違反行為については16ページに掲載しています。

■検査の内容 ·····························

　認知機能検査では2つのテストにより、運転に必要な記憶力や判断力といった認知機能のはたらきを測定します。

テスト1
手がかり再生 （検査時間14分）
テスト内容 16種類のイラストを記憶し、名称を回答用紙に記入します。
検査目的 記憶力が正しくはたらいているかを確かめます。

テスト2
時間の見当識（けんとうしき） （検査時間3分）
テスト内容 受検当日の日時などを回答用紙に記入します。
検査目的 日時が正しく認識できているかを確かめます。

　検査の内容は下記の通りです。検査には手数料がかかるため注意しましょう。

検査時間：約20分
受検場所：指定の自動車教習所、運転免許試験場（予約必須）
手数料：1,050円　持ち物：通知書／筆記用具／メガネ等／手数料
受検期間：更新期間満了の6か月前から有効期間満了日（誕生日の1か月後）

■2つの受検方法

検査の受検には、筆記受検とタブレット受検の2つの方法があります。試験会場によって異なりますので事前に確認しましょう。

筆記受検

回答用紙に手書きで書き込む受検方法です。検査の説明は検査員により行われます。

タブレット受検

音声ガイダンスを聞きながら、タッチペンを使ってタブレット画面上に回答する受検方法です（キーボード操作は不要です）。

■検査結果で2つのタイプに分類

認知機能検査の採点結果から、認知機能を2タイプに分類します。認知症のおそれありと判定された場合、専門医による診断等が必要ですが、すぐに免許を取り消されることはありません。また、期間内であれば何度でも受検が可能です。1回の受検につき、手数料1,050円がかかります。

認知症のおそれがある

0～36点未満

（記憶力・判断力が
低くなっています）

認知症のおそれなし

36点以上

（記憶力・判断力に
心配ありません）

高齢者講習の受講が必要です

- 実施時間：2時間
- 手 数 料：高齢者講習 ⇒ 6,450円

  運転免許取得者等教育 ⇒ 手数料は受講教習所ごとに異なる

  ※受講教習所により、高齢者講習または運転免許取得者等教育のどちらかを実施している。

認知機能検査で「認知症のおそれなし」と判定されたら、高齢者講習もしくは運転免許取得者等教育（※）を受講します。どちらの講習内容も、運転適性検査・講義（座学）、実車指導（各60分）です。運転技能検査を受けた場合は実車指導が免除になるため、高齢者講習60分（2,900円）または運転免許取得者等教育講習60分となります。

※運転免許取得者等教育は、高齢者講習と同等の講習で、受講の予約が必要。運転免許の更新6か月前に運転免許取得者等教育を受けた場合は、更新時の高齢者講習が免除される。

認知機能検査を予約し

認知機能検査のお知らせが届いてから受検するまでの流れを紹介します。

① ハガキが届く

免許証の有効期間が満了する約6か月前にお知らせのハガキが自宅に届きます。

② 電話またはオンラインで予約する

ハガキに書かれた会場に電話（またはインターネットからアクセス）をして検査の予約を取りましょう。

⑤ 検査室で事前説明を受ける

会場で検査に関する諸注意が説明されます。

⑥ 検査を受ける（約20分※）

検査を受けます。

※検査時間はあくまで目安です。受検時の状況によって長引く場合もあります。

てから受検までの流れ

③ 持ち物を用意する

筆記用具、お知らせのハガキ、運転免許証は必ず持参しましょう。

④ 予約した日に会場へ行く

会場を間違えないように気をつけましょう。

自治体によっては、筆記受検かタブレット受検かを選べる場合もあります。

⑦ 検査結果を受け取る※

その後講習へ

検査結果は、当日にその場でわかります。

※検査結果が出るまでの期間、また、高齢者講習の受講日については、地域によって対応が異なる場合があります。

75歳以上の ドライバーの 運転免許更新

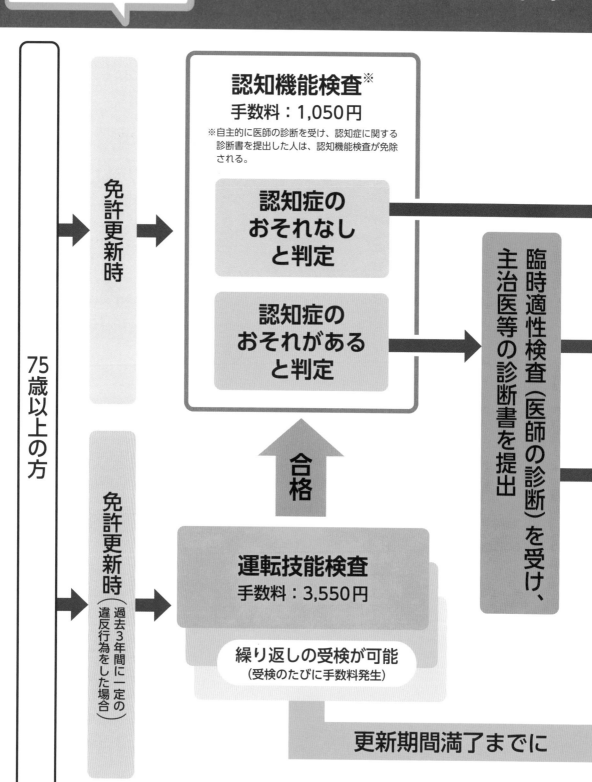

75歳以上の方

免許更新時

認知機能検査※
手数料：1,050円
※自主的に医師の診断を受け、認知症に関する
診断書を提出した人は、認知機能検査が免除
される。

**認知症の
おそれなし
と判定**

**認知症の
おそれがある
と判定**

臨時適性検査（医師の診断）を受け、主治医等の診断書を提出、

免許更新時（過去3年間に一定の違反行為をした場合）

合格

運転技能検査
手数料：3,550円

繰り返しの受検が可能
（受検のたびに手数料発生）

更新期間満了までに

※認知機能検査・運転技能検査・高齢者講習の受検順序は、都道府県によって異なる場合があります。
　更新期間満了日の6か月前から受検・受講できます。

までの流れ

認知機能検査の後には高齢者講習を受けます。検査の結果によって免許更新までの流れが変わります。

高齢者講習

手数料：6,450円※
内容：講義（座学）
　　　運転適性検査
　　　実車指導

※運転技能検査を受けた場合は、実車指導が免除となるため2,900円。
※高齢者講習と同等の運転免許取得者等教育を受けた場合、手数料は受講教習所ごとに異なる。

認知症ではない

認知症と診断

免許の停止
または
免許の取り消し
または
免許の更新不可

※運転技能検査が不合格であっても、普通免許を返納して原付免許等にする場合は更新可能。

合格できない

運転免許の更新手続き（免許継続）

一定の違反行為とは？

運転技能検査と臨時認知機能検査の対象となる違反行為は下記の通りです。

〈運転技能検査〉

1	信号無視
2	通行区分違反
3	通行帯違反等
4	速度超過
5	横断等禁止違反
6	踏切不停止等・遮断踏切立入り

7	交差点右左折方法違反等
8	交差点安全進行義務違反等
9	横断歩行者等妨害等
10	安全運転義務違反
11	携帯電話使用等

一度でも違反をすると検査を受けなければならないため気をつけましょう。

〈臨時認知機能検査〉

1	信号無視
2	通行禁止違反
3	通行区分違反
4	横断等禁止違反
5	進路変更禁止違反
6	遮断踏切立入り等
7	交差点右左折方法違反
8	指定通行区分違反
9	環状交差点左折等方法違反
10	優先道路通行車妨害等
11	交差点優先車妨害
12	環状交差点通行車妨害等
13	横断歩道等における横断歩行者等妨害等
14	横断歩道のない交差点における横断歩行者等妨害等
15	徐行場所違反
16	指定場所一時不停止等
17	合図不履行
18	安全運転義務違反

しっかり対策！

「認知機能検査」の
テスト内容

本章では、認知機能検査で行われる「手がかり再生」と「時間の見当識」の2つのテスト内容と目的について解説します。このテストを行うことで、「短期記憶＆見当識」という脳機能がきちんとはたらいているかを総合的に調べることができます。2つのテストの特徴を知り、第2章の模擬検査にトライしてください。自分の苦手な点がわかり、その対策をとることで高得点が狙えるでしょう。

実際に練習問題に入る前に、2つのテストの内容と気をつけるべき点を確認しましょう。

テスト1 手がかり再生

内容 16種類のイラストを記憶して、介入問題に答えた後、覚えたイラストの名前を答えます。回答のチャンスは2回。1回目はヒント無しでの回答。2回目はヒント有りでの回答となります。なお、実際の検査では、筆記受検の場合、検査員が口頭でヒントを伝えます。

検査目的 認知症では、新しい記憶から忘れてしまう症状がみられることから、本テストでは少し前に記憶したものを思い出す「短期記憶」について調べます。ヒントがあっても記憶した絵を思い出せない場合は、認知機能が低下している可能性があります。

▶介入問題とは？

不規則に並べられた数字の中から、指定された数字に斜線を引くテストです。認知機能を検査するものではなく、記憶した絵を忘れさせるために行われ、配点はありません。

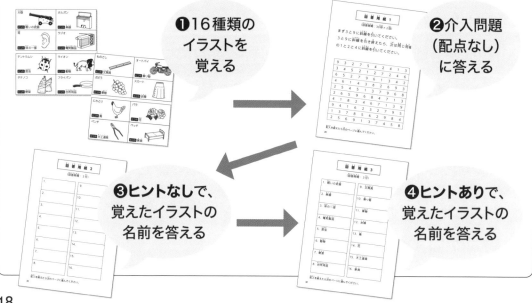

❶16種類のイラストを覚える

❷介入問題（配点なし）に答える

❸ヒントなしで、覚えたイラストの名前を答える

❹ヒントありで、覚えたイラストの名前を答える

テストの特徴について

テスト2 時間の見当識（けんとうしき）

内容 受検当日の年月日と受検時間を記入します。

検査目的 見当識とは自分が置かれている状況（現在の年月や時刻、自分が居る場所など）を正しく認識する能力です。見当識障害は認知症を代表する症状の１つで、時間の認識が乏しくなるところからはじまるとされています。「時間の見当識」では、日時を把握する能力について調べます。

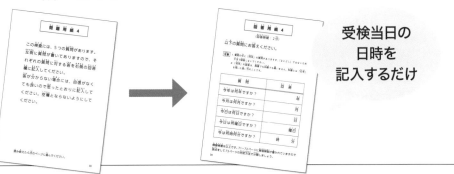

受検当日の
日時を
記入するだけ

高得点をとるポイント！

▶自分の弱点を見つけて対策する
事前に練習問題をこなしたり模擬検査にチャレンジすることで、自分が苦手なポイントに気づくことができます。苦手な問題は何度もくり返し練習して、点数をとりこぼさないように心がけましょう。

▶満点ではなく、36点以上を目指す
認知機能検査では、満点をとる必要はありません。認知症のおそれなしと判定されるために必要な点数は36点以上です。「少しくらい間違っても大丈夫」と知っておくだけでも心に余裕が生まれ、落ち着いて検査を受けることができます。

▶回答用紙をとにかく埋める！
どんなテストでも、無回答では点数をとれません。認知機能検査には、正解が必ずしも１つとは限らない問題もあります。自信がなくても、まずは回答用紙を埋めることが点数をとるための第一条件です。

パターンＡ（16種類のイラスト）

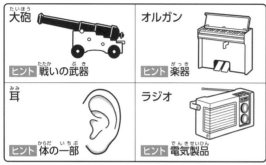

大砲 ヒント 戦いの武器	オルガン ヒント 楽器	テントウムシ ヒント 昆虫	ライオン ヒント 動物
耳 ヒント 体の一部	ラジオ ヒント 電気製品	タケノコ ヒント 野菜	フライパン ヒント 台所用品

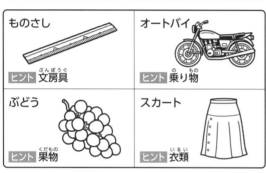
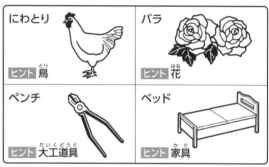

ものさし ヒント 文房具	オートバイ ヒント 乗り物	にわとり ヒント 鳥	バラ ヒント 花
ぶどう ヒント 果物	スカート ヒント 衣類	ペンチ ヒント 大工道具	ベッド ヒント 家具

パターンＢ（16種類のイラスト）

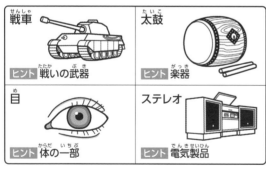
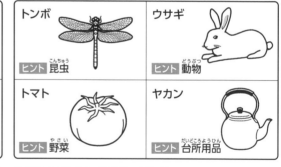

戦車 ヒント 戦いの武器	太鼓 ヒント 楽器	トンボ ヒント 昆虫	ウサギ ヒント 動物
目 ヒント 体の一部	ステレオ ヒント 電気製品	トマト ヒント 野菜	ヤカン ヒント 台所用品

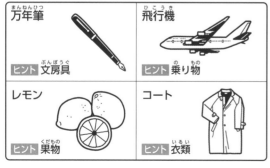

万年筆 ヒント 文房具	飛行機 ヒント 乗り物	ペンギン ヒント 鳥	ユリ ヒント 花
レモン ヒント 果物	コート ヒント 衣類	カナヅチ ヒント 大工道具	机 ヒント 家具

4パターン

本番の検査では、パターンA・B・C・D のなかから必ずどれか1パターンが出題されます（混ざって出題されることはありません）。

パターンC（16種類のイラスト）

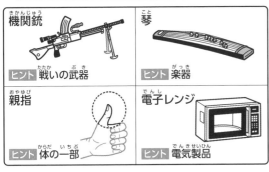
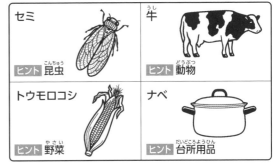

機関銃　ヒント 戦いの武器
琴　ヒント 楽器
親指　ヒント 体の一部
電子レンジ　ヒント 電気製品
セミ　ヒント 昆虫
牛　ヒント 動物
トウモロコシ　ヒント 野菜
ナベ　ヒント 台所用品

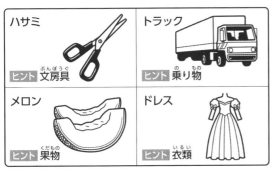
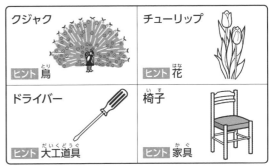

ハサミ　ヒント 文房具
トラック　ヒント 乗り物
メロン　ヒント 果物
ドレス　ヒント 衣類
クジャク　ヒント 鳥
チューリップ　ヒント 花
ドライバー　ヒント 大工道具
椅子　ヒント 家具

パターンD（16種類のイラスト）

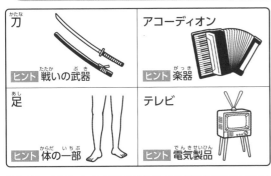
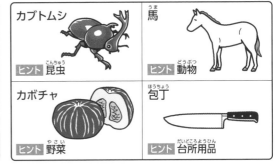

刀　ヒント 戦いの武器
アコーディオン　ヒント 楽器
足　ヒント 体の一部
テレビ　ヒント 電気製品
カブトムシ　ヒント 昆虫
馬　ヒント 動物
カボチャ　ヒント 野菜
包丁　ヒント 台所用品

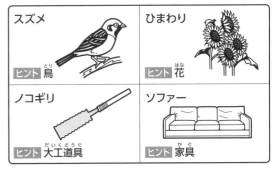

筆　ヒント 文房具
ヘリコプター　ヒント 乗り物
パイナップル　ヒント 果物
ズボン　ヒント 衣類
スズメ　ヒント 鳥
ひまわり　ヒント 花
ノコギリ　ヒント 大工道具
ソファー　ヒント 家具

手がかり再生について

よくあるギモン Q&A

Q1 本当に前ページの４パターンと同じイラストが、出題されるのですか？

A1 はい。本番の検査では、４パターンのうちのどれか１パターンが必ず出題されます。すべてを覚えるのは難しいですが、目を通しておくとよいでしょう。

Q2 イラストを覚える時間は、どれくらいあるのですか？

A1 イラストは４つずつ、４回に分けて覚えます。それぞれ１分、合計４分で覚えます。

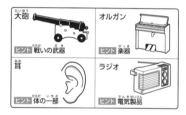

Q3 介入問題は採点されないのですか？　採点されないのであればやらなくても問題ないでしょうか？

A3 採点はされませんが、取り組まなければ失格になってしまいます。集中しすぎてしまうとイラストを忘れてしまう可能性があるため、適度にリラックスして取り組みましょう。

Q4 回答に自信がないのですが……。

A4 無回答は０点になってしまうため、自信がなくても記入しましょう。そのイラストを表す別の名前を書いて正解となる場合があります（例：オルガンをピアノと答えるなど）。ただし、１つの回答欄に２つ以上の回答を書くと０点になってしまうため、注意が必要です。

本番そっくり！

「認知機能検査」の
第1回 模擬検査

本番そっくりに作成した模擬検査です。問題用紙、回答用紙ともに実際の認知機能検査で使用されているものに近い形式で構成しています。また、実際の検査で、検査員が読み上げる諸注意は、注意（ちゅうい）として各問題に記載しています。本番だと思って、時間を計りながら、焦らずゆっくりと回答しましょう。

※実際の検査では、検査員から「用紙をめくってください」と指示があります。
　検査当日は指示があるまで、問題用紙をめくらないようにしてください。

認知機能検査検査用紙

ご自分の名前を記入してください。ふりがなはいりません。
ご自分の生年月日を記入してください。

注意 1.間違えたときは二重線で訂正して書き直してください。消しゴムは使えません。
　　　2.検査中の書き間違いはすべて同じように訂正してください。

名　前	
生年月日	大正 　　　　　　　　　年　　　　月　　　　日 昭和

記入を終えたら次のページに進んでください。

いくつかの絵を見ていただきます。
後で何の絵があったかをすべて答えていただきますので、よく覚えてください。絵を覚えるためのヒントも書かれていますので、ヒントを手がかりに覚えてください。

記憶時間：約4分

注意 1. 次のページに書かれている絵も一緒に覚えてください。
2. 次のページに進んだらこのページには戻らないでください。
3. 実際の検査では、検査員が16種類のイラストについてヒントを交えながら説明します。ヒントを手がかりに覚えるようにしてください。

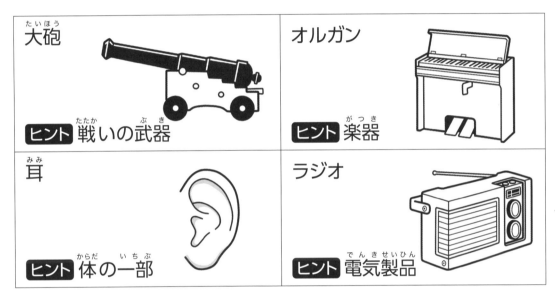

大砲
ヒント 戦いの武器

オルガン
ヒント 楽器

耳
ヒント 体の一部

ラジオ
ヒント 電気製品

テントウムシ
ヒント 昆虫

ライオン
ヒント 動物

タケノコ
ヒント 野菜

フライパン
ヒント 台所用品

次のページの絵も必ず覚えるようにしてください。

ヒントを手がかりにすべての絵を覚えてくだ
さい。

注意 すべて覚えられたか不安になっても前のページに戻らないでください。

ものさし ヒント 文房具	オートバイ ヒント 乗り物
ぶどう ヒント 果物	スカート ヒント 衣類
にわとり ヒント 鳥	バラ ヒント 花
ペンチ ヒント 大工道具	ベッド ヒント 家具

記憶時間が経過したら次のページに進んでください。

問題用紙 1

これから、たくさん数字が書かれた表が出ますので、指示をした数字に斜線を引いてもらいます。

例えば、「1と4」に斜線を引いてくださいと指示された場合は、

➡

4	3	1	4	6	2	4	7	3	9
8	6	3	1	8	9	5	6	4	3

と例示のように順番に、見つけただけ斜線を引いてください。

読み終えたら次のページに進んでください。

回答用紙 1

（回答時間：30秒×2回）

まず3と9に斜線を引いてください。
3と9に斜線を引き終えたら、次は同じ用紙
の1と2と4に斜線を引いてください。

9	3	2	7	5	4	2	4	1	3
3	4	5	2	1	2	7	2	4	6
6	5	2	7	9	6	1	3	4	2
4	6	1	4	3	8	2	6	9	3
2	5	4	5	1	3	7	9	6	8
2	6	5	9	6	8	4	7	1	3
4	1	8	2	4	6	7	1	3	9
9	4	1	6	2	3	2	7	9	5
1	3	7	8	5	6	2	9	8	4
2	5	6	9	1	3	7	4	5	8

記入を終えたら次のページに進んでください。

問 題 用 紙 2

25 〜 26 ページで、いくつかの絵をお見せしました。

何が描かれていたのかを思い出して、できるだけ全部書いてください。

注意 1.回答中は前のページに戻って絵を見ないようにしてください。
2.回答の順番は問いません。
3.回答は漢字でもカタカナでもひらがなでも構いません。
4.間違えた場合は二重線で訂正してください。

読み終えたら次のページに進んでください。

（回答時間：3分）

1.	9.
2.	10.
3.	11.
4.	12.
5.	13.
6.	14.
7.	15.
8.	16.

記入を終えたら次のページに進んでください。

問　題　用　紙 3

今度は回答用紙の左側に、ヒントが書いてあります。

それを手がかりに、もう一度、何が描かれていたのかを思い出して、できるだけ全部書いてください。

注意 1.それぞれのヒントに対して回答は1つだけです。2つ以上は書かないでください。
2.回答は漢字でもカタカナでもひらがなでも構いません。
3.間違えた場合は二重線で訂正してください。

読み終えたら次のページに進んでください。

（回答時間：3分）

1. 戦いの武器	9. 文房具
2. 楽器	10. 乗り物
3. 体の一部	11. 果物
4. 電気製品	12. 衣類
5. 昆虫	13. 鳥
6. 動物	14. 花
7. 野菜	15. 大工道具
8. 台所用品	16. 家具

記入を終えたら次のページに進んでください。

問 題 用 紙 4

この検査には、5つの質問があります。

左側に質問が書いてありますので、それぞれの質問に対する答を右側の回答欄に記入してください。

答が分からない場合には、自信がなくても良いので思ったとおりに記入してください。空欄とならないようにしてください。

読み終えたら次のページに進んでください。

回答用紙4

（回答時間：2分）

以下の質問にお答えください。

注意
1. 質問の中に「何年」の質問がありますが、「なにどし」ではないため干支で回答しないでください。
2. 「何年」の回答は、西暦でも和暦でも構いません。和暦とは「元号」を用いた言い方のことです。

質　問	回　答
今年は何年ですか？	年
今月は何月ですか？	月
今日は何日ですか？	日
今日は何曜日ですか？	曜日
今は何時何分ですか？	時　　分

模擬検査は以上です。71～72ページに解答解説が書かれていますので採点をして73ページの判定方法で分類しましょう。

「認知機能検査」の
第2回 模擬検査

本番そっくりに作成した模擬検査です。問題用紙、回答用紙ともに実際の認知機能検査で使用されているものに近い形式で構成しています。また、実際の検査で、検査員が読み上げる諸注意は、注意(ちゅうい)として各問題に記載しています。本番だと思って、時間を計りながら、焦らずゆっくりと回答しましょう。

※実際の検査では、検査員から「用紙をめくってください」と指示があります。
　検査当日は指示があるまで、問題用紙をめくらないようにしてください。

認知機能検査検査用紙

ご自分の名前を記入してください。ふりがなはいりません。

ご自分の生年月日を記入してください。

注意 1.間違えたときは二重線で訂正して書き直してください。消しゴムは使えません。

2.検査中の書き間違いはすべて同じように訂正してください。

名　前	
生年月日	大正　　　　　　　　　　　　　　年　　　月　　　日 昭和

記入を終えたら次のページに進んでください。

いくつかの絵を見ていただきます。
後で何の絵があったかをすべて答えていただきますので、よく覚えてください。絵を覚えるためのヒントも書かれていますので、ヒントを手がかりに覚えてください。

記憶時間：約4分

注意 1. 次のページに書かれている絵も一緒に覚えてください。
2. 次のページに進んだらこのページには戻らないでください。
3. 実際の検査では、検査員が16種類のイラストについてヒントを交えながら説明します。ヒントを手がかりに覚えるようにしてください。

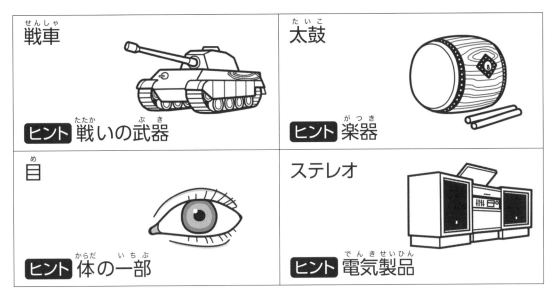

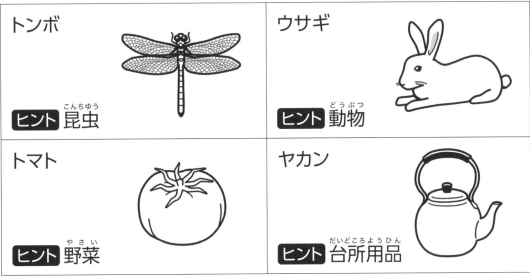

次のページの絵も必ず覚えるようにしてください。

ヒントを手がかりにすべての絵を覚えてください。

注意 すべて覚えられたか不安になっても前のページに戻らないでください。

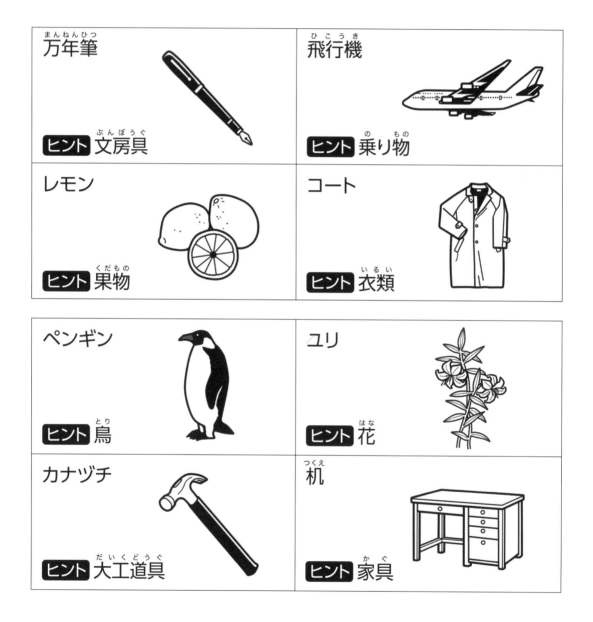

万年筆
ヒント 文房具

飛行機
ヒント 乗り物

レモン
ヒント 果物

コート
ヒント 衣類

ペンギン
ヒント 鳥

ユリ
ヒント 花

カナヅチ
ヒント 大工道具

机
ヒント 家具

記憶時間が経過したら次のページに進んでください。

問　題　用　紙　1

これから、たくさん数字が書かれた表が出ますので、指示をした数字に斜線を引いてもらいます。

例えば、「1と4」に斜線を引いてくださいと指示された場合は、

→

| 4̸ | 3 | 1̸ | 4̸ | 6 | 2 | 4̸ | 7 | 3 | 9 |
| 8 | 6 | 3 | 1̸ | 8 | 9 | 5 | 6 | 4̸ | 3 |

と例示のように順番に、見つけただけ斜線を引いてください。

読み終えたら次のページに進んでください。

（回答時間：30秒×2回）

まず4と7に斜線を引いてください。

4と7に斜線を引き終えたら、次は同じ用紙の3と6と9に斜線を引いてください。

9	3	2	7	5	4	2	4	1	3
3	4	5	2	1	2	7	2	4	6
6	5	2	7	9	6	1	3	4	2
4	6	1	4	3	8	2	6	9	3
2	5	4	5	1	3	7	9	6	8
2	6	5	9	6	8	4	7	1	3
4	1	8	2	4	6	7	1	3	9
9	4	1	6	2	3	2	7	9	5
1	3	7	8	5	6	2	9	8	4
2	5	6	9	1	3	7	4	5	8

記入を終えたら次のページに進んでください。

問 題 用 紙 2

37 ～ 38ページで、いくつかの絵をお見せしました。

何が描かれていたのかを思い出して、できるだけ全部書いてください。

注意
1. 回答中は前のページに戻って絵を見ないようにしてください。
2. 回答の順番は問いません。
3. 回答は漢字でもカタカナでもひらがなでも構いません。
4. 間違えた場合は二重線で訂正してください。

読み終えたら次のページに進んでください。

（回答時間：3分）

（かいとうじかん　ぷん）

1.		9.
2.		10.
3.		11.
4.		12.
5.		13.
6.		14.
7.		15.
8.		16.

記入を終えたら次のページに進んでください。

（きにゅう　お　つぎ　すす）

問題用紙3

今度は回答用紙の左側に、ヒントが書いてあります。

それを手がかりに、もう一度、何が描かれていたのかを思い出して、できるだけ全部書いてください。

注意 1. それぞれのヒントに対して回答は1つだけです。2つ以上は書かないでください。
2. 回答は漢字でもカタカナでもひらがなでも構いません。
3. 間違えた場合は二重線で訂正してください。

読み終えたら次のページに進んでください。

（回答時間：3分）

1. 戦いの武器	9. 文房具
2. 楽器	10. 乗り物
3. 体の一部	11. 果物
4. 電気製品	12. 衣類
5. 昆虫	13. 鳥
6. 動物	14. 花
7. 野菜	15. 大工道具
8. 台所用品	16. 家具

記入を終えたら次のページに進んでください。

問題用紙4

この検査には、5つの質問があります。左側に質問が書いてありますので、それぞれの質問に対する答を右側の回答欄に記入してください。

答が分からない場合には、自信がなくても良いので思ったとおりに記入してください。空欄とならないようにしてください。

読み終えたら次のページに進んでください。

回答用紙4

（回答時間：2分）

以下の質問にお答えください。

注意 1.質問の中に「何年」の質問がありますが、「なにどし」ではないため
干支で回答しないでください。
2.「何年」の回答は、西暦でも和暦でも構いません。和暦とは「元号」
を用いた言い方のことです。

質　問	回　答
今年は何年ですか？	年
今月は何月ですか？	月
今日は何日ですか？	日
今日は何曜日ですか？	曜日
今は何時何分ですか？	時　　分

模擬検査は以上です。71～72ページに解答解説が書かれていますので
採点をして73ページの判定方法で分類しましょう。

「認知機能検査」の

第3回 模擬検査

本番そっくりに作成した模擬検査です。問題用紙、回答用紙ともに実際の認知機能検査で使用されているものに近い形式で構成しています。また、実際の検査で、検査員が読み上げる諸注意は、注意（ちゅうい）として各問題に記載しています。本番だと思って、時間を計りながら、焦らずゆっくりと回答しましょう。

※実際の検査では、検査員から「用紙をめくってください」と指示があります。
　検査当日は指示があるまで、問題用紙をめくらないようにしてください。

認知機能検査検査用紙

ご自分の名前を記入してください。ふりがなはいりません。
ご自分の生年月日を記入してください。

注意
1.間違えたときは二重線で訂正して書き直してください。消しゴムは使えません。
2.検査中の書き間違いはすべて同じように訂正してください。

名　前	
生年月日	大正 　　　　　　　　　　　　　　年　　　月　　　日 昭和

記入を終えたら次のページに進んでください。

いくつかの絵を見ていただきます。
後で何の絵があったかをすべて答えていただきますので、よく覚えてください。絵を覚えるためのヒントも書かれていますので、ヒントを手がかりに覚えてください。

記憶時間：約4分

注意
1. 次のページに書かれている絵も一緒に覚えてください。
2. 次のページに進んだらこのページには戻らないでください。
3. 実際の検査では、検査員が16種類のイラストについてヒントを交えながら説明します。ヒントを手がかりに覚えるようにしてください。

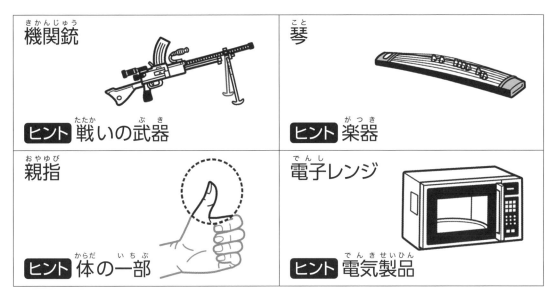

機関銃　ヒント 戦いの武器

琴　ヒント 楽器

親指　ヒント 体の一部

電子レンジ　ヒント 電気製品

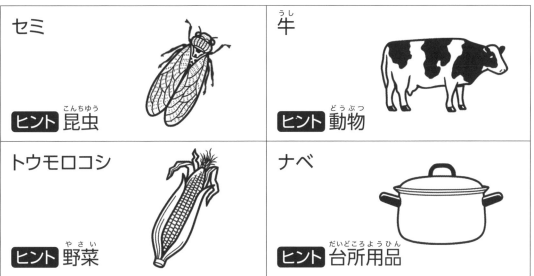

セミ　ヒント 昆虫

牛　ヒント 動物

トウモロコシ　ヒント 野菜

ナベ　ヒント 台所用品

次のページの絵も必ず覚えるようにしてください。

ヒントを手がかりにすべての絵を覚えてください。

注意 すべて覚えられたか不安になっても前のページに戻らないでください。

ハサミ
ヒント 文房具

トラック
ヒント 乗り物

メロン
ヒント 果物

ドレス
ヒント 衣類

クジャク
ヒント 鳥

チューリップ
ヒント 花

ドライバー
ヒント 大工道具

椅子
ヒント 家具

記憶時間が経過したら次のページに進んでください。

問 題 用 紙 1

これから、たくさん数字が書かれた表が出ますので、指示をした数字に斜線を引いてもらいます。

例えば、「1と4」に斜線を引いてくださいと指示された場合は、

➡

4	3	1	4	6	2	4	7	3	9
8	6	3	1	8	9	5	6	4	3

と例示のように順番に、見つけただけ斜線を引いてください。

読み終えたら次のページに進んでください。

（回答時間：30秒×2回）

まず1と5に斜線を引いてください。
1と5に斜線を引き終えたら、次は同じ用紙の2と7と8に斜線を引いてください。

9	3	2	7	5	4	2	4	1	3
3	4	5	2	1	2	7	2	4	6
6	5	2	7	9	6	1	3	4	2
4	6	1	4	3	8	2	6	9	3
2	5	4	5	1	3	7	9	6	8
2	6	5	9	6	8	4	7	1	3
4	1	8	2	4	6	7	1	3	9
9	4	1	6	2	3	2	7	9	5
1	3	7	8	5	6	2	9	8	4
2	5	6	9	1	3	7	4	5	8

記入を終えたら次のページに進んでください。

問題用紙2

49 〜 50ページで、いくつかの絵をお見せしました。

何が描かれていたのかを思い出して、

できるだけ全部書いてください。

注意 1.回答中は前のページに戻って絵を見ないようにしてください。
2.回答の順番は問いません。
3.回答は漢字でもカタカナでもひらがなでも構いません。
4.間違えた場合は二重線で訂正してください。

読み終えたら次のページに進んでください。

回　答　用　紙　2

（回答時間：3分）

1.	9.
2.	10.
3.	11.
4.	12.
5.	13.
6.	14.
7.	15.
8.	16.

記入を終えたら次のページに進んでください。

問 題 用 紙 3

今度は回答用紙の左側に、ヒントが書いてあります。

それを手がかりに、もう一度、何が描かれていたのかを思い出して、できるだけ全部書いてください。

注意　1. それぞれのヒントに対して回答は1つだけです。2つ以上は書かないでください。
2. 回答は漢字でもカタカナでもひらがなでも構いません。
3. 間違えた場合は二重線で訂正してください。

読み終えたら次のページに進んでください。

1. 戦いの武器	9. 文房具
2. 楽器	10. 乗り物
3. 体の一部	11. 果物
4. 電気製品	12. 衣類
5. 昆虫	13. 鳥
6. 動物	14. 花
7. 野菜	15. 大工道具
8. 台所用品	16. 家具

記入を終えたら次のページに進んでください。

問 題 用 紙 4

この検査には、5つの質問があります。

左側に質問が書いてありますので、それぞれの質問に対する答を右側の回答欄に記入してください。

答が分からない場合には、自信がなくても良いので思ったとおりに記入してください。空欄とならないようにしてください。

読み終えたら次のページに進んでください。

回答用紙4

（回答時間：2分）

以下の質問にお答えください。

注意 1. 質問の中に「何年」の質問がありますが、「なにどし」ではないため干支で回答しないでください。
2. 「何年」の回答は、西暦でも和暦でも構いません。和暦とは「元号」を用いた言い方のことです。

質　問	回　答
今年は何年ですか？	年
今月は何月ですか？	月
今日は何日ですか？	日
今日は何曜日ですか？	曜日
今は何時何分ですか？	時　　分

模擬検査は以上です。71～72ページに解答解説が書かれていますので採点をして73ページの判定方法で分類しましょう。

「認知機能検査」の

第4回 模擬検査

本番そっくりに作成した模擬検査です。問題用紙、回答用紙ともに実際の認知機能検査で使用されているものに近い形式で構成しています。また、実際の検査で、検査員が読み上げる諸注意は、 注意 として各問題に記載しています。本番だと思って、時間を計りながら、焦らずゆっくりと回答しましょう。

※実際の検査では、検査員から「用紙をめくってください」と指示があります。
　検査当日は指示があるまで、問題用紙をめくらないようにしてください。

認知機能検査検査用紙

ご自分の名前を記入してください。ふりがなはいりません。
ご自分の生年月日を記入してください。

注意　1.間違えたときは二重線で訂正して書き直してください。消しゴムは使えません。
　　　2.検査中の書き間違いはすべて同じように訂正してください。

名　前	
生年月日	大正 　　　　　　　　　　　　　　　年　　　　月　　　　日 昭和

記入を終えたら次のページに進んでください。

いくつかの絵を見ていただきます。
後で何の絵があったかをすべて答えていただきますので、よく覚えてください。絵を覚えるためのヒントも書かれていますので、ヒントを手がかりに覚えてください。

記憶時間：約4分

注意
1. 次のページに書かれている絵も一緒に覚えてください。
2. 次のページに進んだらこのページには戻らないでください。
3. 実際の検査では、検査員が16種類のイラストについてヒントを交えながら説明します。ヒントを手がかりに覚えるようにしてください。

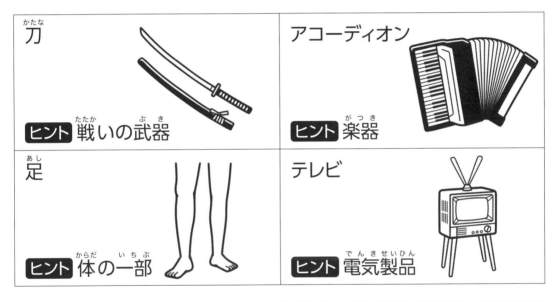

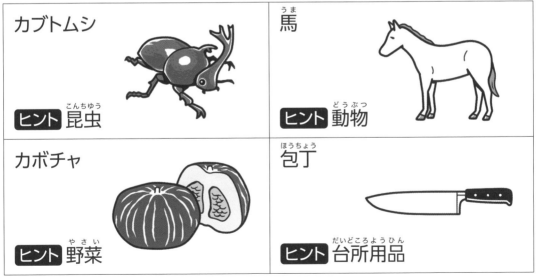

次のページの絵も必ず覚えるようにしてください。

ヒントを手がかりにすべての絵を覚えてください。

注意 すべて覚えられたか不安になっても前のページに戻らないでください。

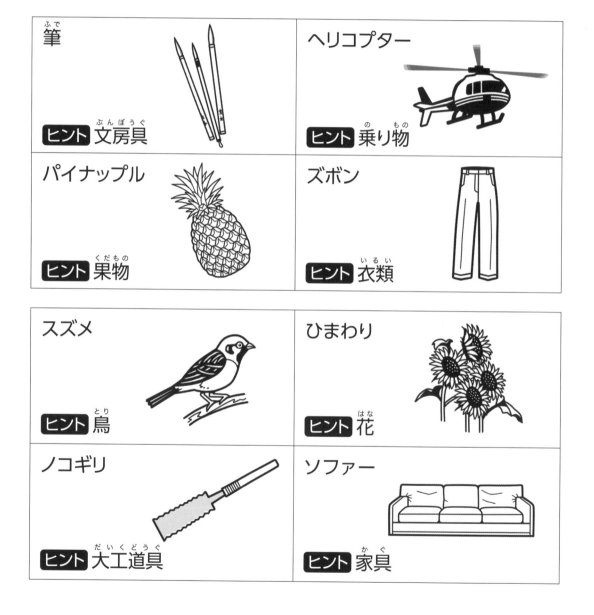

筆
ヒント 文房具

ヘリコプター
ヒント 乗り物

パイナップル
ヒント 果物

ズボン
ヒント 衣類

スズメ
ヒント 鳥

ひまわり
ヒント 花

ノコギリ
ヒント 大工道具

ソファー
ヒント 家具

記憶時間が経過したら次のページに進んでください。

問 題 用 紙 1

これから、たくさん数字が書かれた表が出ますので、指示をした数字に斜線を引いてもらいます。

例えば、「１と４」に斜線を引いてくださいと指示された場合は、

➡

| 4 | 3 | 1 | 4 | 6 | 2 | 4 | 7 | 3 | 9 |
| 8 | 6 | 3 | 1 | 8 | 9 | 5 | 6 | 4 | 3 |

と例示のように順番に、見つけただけ斜線を引いてください。

読み終えたら次のページに進んでください。

（回答時間：30秒×2回）

まず5と8に斜線を引いてください。
5と8に斜線を引き終えたら、次は同じ用紙
の3と4と7に斜線を引いてください。

9	3	2	7	5	4	2	4	1	3
3	4	5	2	1	2	7	2	4	6
6	5	2	7	9	6	1	3	4	2
4	6	1	4	3	8	2	6	9	3
2	5	4	5	1	3	7	9	6	8
2	6	5	9	6	8	4	7	1	3
4	1	8	2	4	6	7	1	3	9
9	4	1	6	2	3	2	7	9	5
1	3	7	8	5	6	2	9	8	4
2	5	6	9	1	3	7	4	5	8

記入を終えたら次のページに進んでください。

61～62ページで、いくつかの絵をお見せしました。

何が描かれていたのかを思い出して、できるだけ全部書いてください。

注意 1. 回答中は前のページに戻って絵を見ないようにしてください。
2. 回答の順番は問いません。
3. 回答は漢字でもカタカナでもひらがなでも構いません。
4. 間違えた場合は二重線で訂正してください。

読み終えたら次のページに進んでください。

かいとうじかん ぷん
（回答時間：3分）

1.	9.
2.	10.
3.	11.
4.	12.
5.	13.
6.	14.
7.	15.
8.	16.

きにゅう お つぎ すす
記入を終えたら次のページに進んでください。

問 題 用 紙 3

今度は回答用紙の左側に、ヒントが書いてあります。

それを手がかりに、もう一度、何が描かれていたのかを思い出して、できるだけ全部書いてください。

注意

1. それぞれのヒントに対して回答は1つだけです。2つ以上は書かないでください。
2. 回答は漢字でもカタカナでもひらがなでも構いません。
3. 間違えた場合は二重線で訂正してください。

読み終えたら次のページに進んでください。

回 答 用 紙 3

（回答時間：3分）

1. 戦いの武器	9. 文房具
2. 楽器	10. 乗り物
3. 体の一部	11. 果物
4. 電気製品	12. 衣類
5. 昆虫	13. 鳥
6. 動物	14. 花
7. 野菜	15. 大工道具
8. 台所用品	16. 家具

記入を終えたら次のページに進んでください。

問題用紙4

この検査には、5つの質問があります。

左側に質問が書いてありますので、それぞれの質問に対する答を右側の回答欄に記入してください。

答が分からない場合には、自信がなくても良いので思ったとおりに記入してください。空欄とならないようにしてください。

読み終えたら次のページに進んでください。

（回答時間：2分）

以下の質問にお答えください。

注意 1.質問の中に「何年」の質問がありますが、「なにどし」ではないため干支で回答しないでください。

2.「何年」の回答は、西暦でも和暦でも構いません。和暦とは「元号」を用いた言い方のことです。

質　問	回　答
今年は何年ですか？	年
今月は何月ですか？	月
今日は何日ですか？	日
今日は何曜日ですか？	曜日
今は何時何分ですか？	時　　分

模擬検査は以上です。71〜72ページに解答解説が書かれていますので採点をして73ページの判定方法で分類しましょう。

模擬検査の解答・解説

模擬検査の答え合わせをしましょう。判定の際はただ点数を加算するだけでなく、計算式を用いる必要があります。判定方法は73ページで紹介しています。

【手がかり再生 (30・32、42・44、54・56、66・68ページ)】

得点 最大32点

解答
（1）ヒントなし回答のみ正解の場合 ➡ 1問正解につき2点
（2）ヒントあり回答のみ正解の場合 ➡ 1問正解につき1点
（3）（1）と（2）どちらも正解の場合 ➡ 2点（両方正解しても3点にはならない）

ヒント	第1回模擬検査	第2回模擬検査	第3回模擬検査	第4回模擬検査
戦いの武器	大砲	戦車	機関銃	刀
楽器	オルガン	太鼓	琴	アコーディオン
体の一部	耳	目	親指	足
電気製品	ラジオ	ステレオ	電子レンジ	テレビ
昆虫	テントウムシ	トンボ	セミ	カブトムシ
動物	ライオン	ウサギ	牛	馬
野菜	タケノコ	トマト	トウモロコシ	カボチャ
台所用品	フライパン	ヤカン	ナベ	包丁
文房具	ものさし	万年筆	ハサミ	筆
乗り物	オートバイ	飛行機	トラック	ヘリコプター
果物	ぶどう	レモン	メロン	パイナップル
衣類	スカート	コート	ドレス	ズボン
鳥	にわとり	ペンギン	クジャク	スズメ
花	バラ	ユリ	チューリップ	ひまわり
大工道具	ペンチ	カナヅチ	ドライバー	ノコギリ
家具	ベッド	机	椅子	ソファー

※回答の順番は採点に影響しません。

解説 ヒントなし回答とヒントあり回答を個別で採点して点数を合計するのではなく、両方の回答を合わせて採点してください。

採点ポイント

● 回答欄に2つ以上の回答を記入すると不正解となります。

● ヒントに対して回答が対応していない場合でも、正しい単語が記入されている場合は正解となります（ヒントが文房具で回答がペンチと書かれているなど）。

【時間の見当識 (34、46、58、70ページ)】

得点 最大15点

解答

問題	正解した場合の点数
年	5点
月	4点
日	3点
曜日	2点
時間	1点

解説 この問題の正解は検査をした際の年月日と、検査を開始した時刻の前後29分以内の時間となります。「年・月・日・曜日・時間」をそれぞれ採点し、合計した点数が得点となります。

空欄の場合は不正解となります。

採点ポイント

● 「年」の回答は西暦・和暦のどちらでも構いません。ただし和暦の場合、検査時の元号以外の元号を用いた場合は不正解となります。

● 検査開始時刻よりも前後30分以上ずれている場合は不正解となります。ただし「午前・午後」の記載の有無は問いません。

判定方法

総合点を出して判定しましょう

2つの問題の答え合わせと採点が終わったら、どの分類に当てはまるかの判定をしましょう。判定の際は、点数をただ合計するのではなく、下記のように計算して総合点を出す必要があります。

❶ 手がかり再生

$$\boxed{} 点 × 2.499 = \boxed{} 点$$

❷ 見当識

$$\boxed{} 点 × 1.336 = \boxed{} 点$$

総合点　❶ + ❷ = $\boxed{}$ 点

※小数点以下は切り捨てとなります。

最後の計算を忘れないようにしましょう。

判定結果

総合点が	総合点が
0〜36点未満	**36点以上**
⬇	⬇
認知症のおそれがある	認知症のおそれなし

あなたは大丈夫？ 高齢者がおかしがちな運転操作ミスはコレ！

加齢とともに注意力や判断力などの運転に関わる能力が低下するため、事故を起こしやすくなると考えられます。高齢者がおかしやすい運転操作のミスを知り、安全運転に役立ててください。

一時停止したつもりになる

一時停止する場面でしっかりとブレーキを踏まず、停止した「つもり」になっていることがあります。子どもが飛び出してきた際などにとても危険です。

ウインカーを出し忘れる

ウインカーを出し忘れても自身は困りませんが、この車がどちらに進むのかがわからないため、運転をしている他のドライバーや歩行者に迷惑がかかります。

ウインカーは大切な合図です。

ハンドルを切り間違える

右左折時に、ハンドルを切る方向を間違えないようにしましょう。また、駐車や車庫入れの際に壁に接触しないよう、一度車を降りて周囲を確認してから進める、ということも必要です。

アクセルとブレーキを間違える

ニュースなどでも話題になるのがアクセルとブレーキの踏み間違い。このミスは重大な事故につながります。長年運転をしてきている人でも、集中力や注意力が低下することで起こりやすくなります。

■ 安全運転のために

　安全運転を続けていくためには、自分の運転能力を知っておくことが大切です。次の４つのポイントを押さえておくことで、運転操作のミスをまぬがれ、安全なカーライフが送れます。

ポイント1
身体能力の衰えを自覚する

加齢は、認知症などの脳の衰えだけでなく、身体能力の低下ももたらします。ハンドル・アクセル・ブレーキの操作に影響を与えますし、対向車と細い道ですれ違うときの運転操作なども難しくなる場合があります。長距離運転ではさらに思考力などの低下が心配なため、30分に一度は休憩をとるようにしましょう。

ポイント2
認知能力の低下を自覚する

安全運転で重要なものの１つに"認知能力"が挙げられます。空間認知能力が衰えると、自分が考えている車幅と実際の車幅が異なってしまうケースも……。ガードのない場所で歩行者とすれ違う際や車庫入れ、高速道路での運転などで事故が起こりやすくなります。あわてずしっかりと周囲を確認するようにしましょう。

ポイント3
ドライブレコーダーをつける

万が一の事故に備え、ドライブレコーダー（車内に取り付けて運転中の動画を撮影し、記録できるカメラ）の搭載を検討しましょう。事故を起こした際の原因解明にも役立ちますし、普段の自分の運転を客観的に見ることで、現状の運転能力や問題点を知ることができます。

ポイント4
知らない土地に行かない

認知機能が低下すると記憶力が乏しくなるため、知らない土地に行くと道に迷ってしまう可能性があります。知らない土地や遠いところにどうしても行かなければならないときは、必ず家族など身近な人に同乗してもらい、一人での運転や長距離移動は控えるようにしましょう。

■運転時認知障害の早期発見チェックシート ·················

　これは軽度認知障害を早期に見つけるためのチェックリストです。年に一度確認してみましょう。全部で30項目あり、5項目以上にチェックが入ったら要注意。専門の医療機関の受診を検討してください。

　また、高齢のご家族を持つ方も、下記のような症状がご家族に見られたら専門機関の受診を勧めるようにしてください。

- ☐ 車のキーや免許証などを探し回ることがある。
- ☐ 今までできていたカーナビやカーステレオの操作ができなくなった。
- ☐ トリップメーターの戻し方や時計の合わせ方がわからなくなった。
- ☐ 機器や装置（アクセル、ブレーキ、ウインカーなど）の名前を思い出せないときがある。
- ☐ 道路標識の意味を思い出せないことがある。
- ☐ スーパーなどの駐車場で、自分の車を停めた位置がわからなくなったことがある。
- ☐ 何度も行っている場所への道順がすぐに思い出せないことがある。
- ☐ 運転している途中で、行き先を忘れてしまったことがある。
- ☐ よく通る道なのに、曲がる場所を間違えることがある。
- ☐ 車で出かけたのに、他の交通手段で帰ってきたことがある。
- ☐ 運転中にバックミラー（ルーム、サイド）をあまり見なくなった。
- ☐ アクセルとブレーキを間違えることがある。
- ☐ 曲がる際、ウインカーを出し忘れることがある。
- ☐ 反対車線を走ってしまったことがある（走りそうになった）。
- ☐ 右折時に対向車の速度と距離の感覚がつかみにくくなった。
- ☐ 気がつくと自分が先頭を走っていて、後ろに車列が連なっていることがよくある。
- ☐ 車間距離を一定に保つことが苦手になった。
- ☐ 高速道路を利用することが怖く（苦手に）なった。
- ☐ 合流が怖く（苦手に）なった。
- ☐ 車庫入れで壁やフェンスに車体をこすることが増えた。
- ☐ 駐車場所のラインや、枠内に合わせて車を停めることが難しくなった。
- ☐ 日時を間違えて目的地に行くことが多くなった。
- ☐ 急発進や急ブレーキ、急ハンドルなど、運転が荒くなった（といわれるようになった）。
- ☐ 交差点での右左折時に歩行者や自転車が急に現れて、驚くことが多くなった。
- ☐ 運転をしているときにミスをしたり、危険な目に遭ったりすると頭の中が真っ白になる。
- ☐ 好きだったドライブに行く回数が減った。
- ☐ 同乗者と会話しながらの運転がしづらくなった。
- ☐ 以前ほど車の汚れが気にならず、あまり洗車をしなくなった。
- ☐ 運転自体に興味がなくなった。
- ☐ 運転すると妙に疲れるようになった。

特定非営利活動法人高齢者安全運転支援研究会「運転時認知障害早期発見チェックリスト30」より引用
【監修】浦上克哉（日本認知症予防学会理事長／鳥取大学医学部教授）

高齢になったら考えたい運転免許の自主返納

　運転免許の自主返納とは、有効期間の残っている運転免許証を返納することです。シニアドライバーが増える一方で、運転免許証の自主返納も増えています。運転免許を返納して運転経歴証明書（P.78参照）を取得すると、地域ごとにさまざまな特典を受けることができます。

　車の運転に不安を覚えたり、家族から勧められたことがある人は自主返納を視野に入れてもよいでしょう。

■ 自主返納の申請方法

　運転免許証の返納は、現在お持ちの免許証が有効期間内であれば、本人が直接申請することができます。代理人による申請もできます（ただし一部申請者や代理人に条件が付く公安委員会もある）。

申請先	警察署や運転免許センターなど

条件　現在持っている免許証が有効期間内
（運転免許の停止・取消しの行政処分を受けている人は申請不可）。

本人、または代理人が申請する。

必要なもの　・運転免許証
※代理人申請の場合は、別途書類が必要になります。

運転免許の自主返納について詳しくは免許センターや近くの警察署に問い合わせてみましょう。また、免許センターや警察署には安全運転相談窓口が設けられています。加齢による身体機能の低下により、自動車の安全運転に不安がある場合は一度相談してみましょう。

■ 運転経歴証明書による特典とは

運転免許を返納した方は、「運転経歴証明書」を申請することができます。

これは、運転免許を返納した日からさかのぼって5年間の運転に関する経歴を証明するものです。

「運転経歴証明書」を提示することにより、高齢者運転免許自主返納

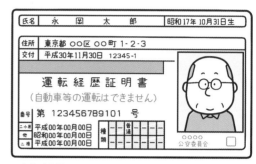

※交付手数料1,100円と写真が必要になります。

サポート協議会の加盟店や美術館などで、さまざまな特典を受けることができ、身分証明書としても使用できます。

たとえば……
- バスやタクシー、鉄道の運賃の割引、無料回数券や無料パスの配布
- 宿泊施設の代金の割引、優遇
- 百貨店やスーパー、ホームセンターからの無料宅配
- 飲食店での割引、優遇

※詳しい特典内容は、都道府県によって異なります。また、運転経歴証明書は永年有効となります。

新しい選択肢、サポカー限定免許って？

2022年5月13日より新しくサポカー限定免許が創設されました。サポカー（安全運転サポート車）とは、衝突被害軽減ブレーキやペダル踏み間違い急発進抑制装置が搭載された車で、普及すれば事故の削減につながると考えられています。

サポカー限定免許とは、こうした機能の搭載されたサポカーのみを運転できる免許で、申請すれば普通免許からの切り替えが可能です。車が必要な場所に住んでいて免許の自主返納に踏み切れないシニアドライバーや、車の運転に不安がある人にとって新たな選択肢として期待されています。

サポカー限定免許に切り替えた後はサポカーしか運転することができなくなります。万一普通の車を運転した場合には、違反点数2点が科せられますので注意が必要です。

シニアドライバーのみなさまへ

　認知症に限らず、認知機能や身体能力の低下は加齢とともに訪れます。そして、同じように運転能力も少しずつ衰えていきます。「慣れた道の運転だから大丈夫」「いつも運転しているから大丈夫」と、自分の運転能力を過信せず、運転に少しでも不安を覚えることがあれば免許証の自主返納を視野に入れるようにしましょう。

　本書の模擬検査を行ってみて、点数が芳しくなかったなど、不安な点がある方は専門の医療機関を受診することをお勧めします。

　認知症は早めの予防と対策が大切です。また、認知症が疑われるドライバーが起こす事故は年々増えています。家族に心配をかけないように、そして、いつまでも運転を楽しんでいただくために、認知機能検査を活用して、自身の運転能力の定期的なチェックを心がけてください。

ご家族のみなさまへ

　シニアドライバーが身近にいる場合、「事故を起こしてしまうのではないか……」など、不安に思われる方も多いのではないでしょうか。クリニックや自動車教習所には、「親に免許証の返納を促しても、なかなか納得してもらえない」といった相談が多く寄せられています。しかし、認知機能の低下が進行するほど説得は難しくなります。高齢の親御さんの運転に不安を感じられる方は、なるべく早めに話し合いの場を設けるとよいでしょう。

　また、「同じことを何度も聞いてくる」「車をこすったり軽くぶつけたりする」といった問題行動が見られる場合は、初期の認知症の可能性があるため、速やかに専門の医療機関を受診してください。

【監修】

米山公啓 （よねやま・きみひろ）

医学博士・神経内科医。聖マリアンナ医科大学医学部卒業。同大学で超音波を使った脳血流量の測定や、血圧変動からみた自律神経機能の評価などを研究。現在は東京・あきる野市にある米山医院で診療を続けながら、脳の活性化、認知症予防、老人医療などをテーマに著作・講演活動を行っている。
『これでカンペキ！ 運転免許 認知機能検査 合格対策ブック』（永岡書店）、『長生きの方法〇と×』（筑摩書房）、『認知症を予防する１日遅れの日記帳』（径書房）、『脳がみるみる若返るぬり絵』（西東社）など著書・監修書多数。

吉本衛司 （よしもと・えいじ）

元・調布自動車学校教官。2018年３月まで、普通車・大型自動二輪車の教習や検定などに携わり、高齢ドライバーの認知機能検査や高齢者講習の検査官を担当。また、シンガポールの自動車学校、『コンフォート ドライビングセンター』が自動二輪教習・オートマチック車の教習を開始するにあたり、1999年及び2003年に、インストラクターに対し技能教習の指導法などを指導。

【STAFF】
イラスト　林宏之
デザイン　島田利之
編集協力　有限会社ヴュー企画
校　　正　有限会社くすのき舎

いちばんわかりやすい
運転免許 認知機能検査ブック

2022年　 6月10日　第1刷発行
2024年　10月10日　第9刷発行

監修者　米山公啓
　　　　吉本衛司
発行者　永岡純一
発行所　株式会社永岡書店
　　　　〒176-8518　東京都練馬区豊玉上1-7-14
　　　　代表☎03（3992）5155　編集☎03（3992）7191
ＤＴＰ　編集室クルー
印　刷　精文堂印刷
製　本　ヤマナカ製本